Sri Harsha Gadde

Tendências recentes na agricultura

Sri Harsha Gadde

Tendências recentes na agricultura

ScienciaScripts

Cover image: www.ingimage.com

This book is a translation from the original published under ISBN 978-620-7-80488-7.

Publisher:
Sciencia Scripts
is a trademark of
Dodo Books Indian Ocean Ltd. and OmniScriptum S.R.L publishing group

120 High Road, East Finchley, London, N2 9ED, United Kingdom
Str. Armeneasca 28/1, office 1, Chisinau MD-2012, Republic of Moldova, Europe
Printed at: see last page
ISBN: 978-620-7-76703-8

Índice

Introdução:

Mundo

A agricultura é o maior empregador do mundo porque quase todas as indústrias dependem de produtos agrícolas em bruto. A agricultura é a espinha dorsal de todos os países. Os agricultores precisam de produzir mais 70% de alimentos do que atualmente para alimentar a população mundial em crescimento até 2050. De acordo com o estudo, os agricultores precisam de produzir mais 70% de alimentos porque a população vai aumentar de 7 milhões para 9 milhões até 2050. Para atingir este objetivo, é necessário melhorar os processos agrícolas.

Índia

A agricultura desempenha um papel vital na economia da Índia. Na Índia, cerca de 54,6% da população dedica-se à agricultura e a actividades conexas (Censos de 2011) para a sua subsistência e representa 18,8% (primeiras estimativas avançadas) do valor acrescentado bruto (VAB) do país para o ano de 2021-22 (a preços correntes). De acordo com a Quarta Estimativa Antecipada para 2020-21, a produção total de cereais alimentares no país está estimada num recorde de 308,65 milhões de toneladas, o que representa um aumento de 11,14 milhões de toneladas em relação à produção de cereais alimentares em 2019-20. A Índia é o maior produtor mundial de leite, leguminosas e juta e é o segundo maior produtor de arroz, trigo, cana-de-açúcar, amendoim, legumes, fruta e algodão. É também um dos principais produtores de especiarias, peixe, aves de capoeira, gado e culturas de plantação. A Índia tinha o maior efetivo pecuário, com cerca de 535,8 milhões de cabeças de gado, o que se traduzia em cerca de 31,00 por cento do efetivo pecuário mundial em 2019.

De acordo com a Organização das Nações Unidas para a Alimentação e a Agricultura, a Índia ganhou autossuficiência na produção agrícola, mas continua a ser o lar de cerca de 25,00 por cento das pessoas famintas do mundo e há mais de 190 milhões de pessoas subnutridas no nosso país. Embora a agricultura na Índia tenha alcançado a autossuficiência em cereais, a produção é intensiva em recursos. A principal razão para este problema é a falta de tecnologia e de sensibilização para a agricultura.

Neste século XXI, a tecnologia teve um grande impacto em todos os domínios e a agricultura é um deles.

Criar um futuro alimentar sustentável até 2050

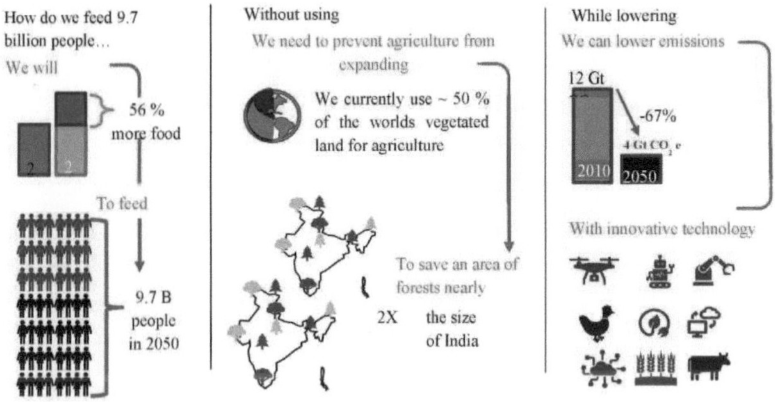

Source:- wri.org/sustfoodfuture *World Resources Institute*

Tecnologias na agricultura?

O futuro da tecnologia agrícola está a aumentar de dia para dia. . A adoção de novas tecnologias na agricultura ajuda a atingir os objectivos de sustentabilidade da agricultura. É um conceito que se refere à gestão de explorações agrícolas com tecnologia agrícola inteligente, como a IoT (Internet das coisas), robótica, drones agrícolas, IA, GPS, tecnologia de irrigação inteligente e sensores. Estas tecnologias emergentes também aumentam a produtividade da exploração agrícola e ajudam a otimizar a situação da exploração e da cultura. Além disso, a utilização da tecnologia na agricultura ajuda a reduzir o trabalho manual e a reforçar a importância da tecnologia. A tecnologia agrícola indiana é também uma grande fonte de melhoria dos três pilares do desenvolvimento sustentável: económico, social e ambiental. A tecnologia utilizada na agricultura ajuda a conservar as fontes não renováveis e a reduzir os produtos agroquímicos nocivos. Estas tecnologias agrícolas inteligentes ajudam os agricultores a prever a situação meteorológica e a preparar os seus dias de cultivo em conformidade.

Tendências recentes na transferência de tecnologias na agricultura:

Agriculture	Poultry	Dairy
Internet of Things Agricultural Robotics Artificial Intelligence Drones Precision Agriculture Agricultural Biotechnology Big Data & Analytics Controlled Environment Agriculture Zero budget natural farming	Automatic feeder 3D camera technology for high precision weighing of poultry Monitor poultry floor distribution with machine vision Autonomous robot for cage-free layer house management	Fitness tracker for cattle Drones for Cattle Monitoring Milking Via Robots Automatic feeding boxes Artificial insemination

Agricultura

Internet das coisas

A monitorização dos campos de cultivo na agricultura convencional requer mão de obra intensiva, equipamento físico, tempo e esforço. A IoT oferece uma alternativa a estes métodos tradicionais. Um dispositivo IoT contém um ou mais sensores que recolhem dados e fornecem informações precisas através de aplicações móveis ou outros meios em tempo real. Estes sensores realizam inúmeras actividades, como a deteção da temperatura e da humidade do solo, o acompanhamento de plantas e gado, entre outras. A IoT também facilita a monitorização remota das explorações agrícolas, proporcionando maior comodidade aos agricultores. Além disso, os novos sistemas de irrigação utilizam sensores IoT para automatizar o fornecimento de água às culturas. Estes constituem sensores de evapotranspiração, sensores de humidade do solo no local e sensores de chuva, entre outros.

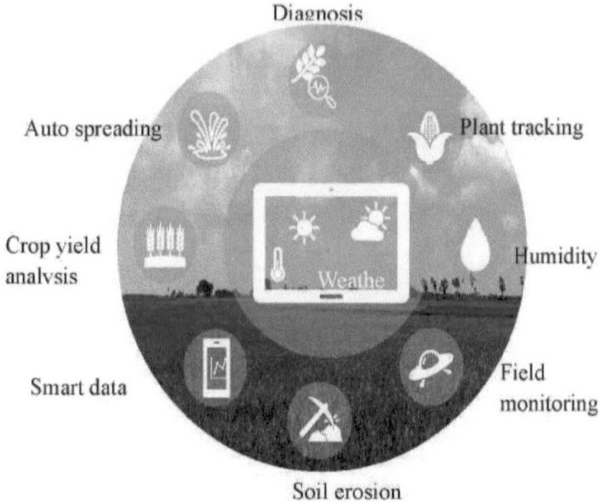

Robótica agrícola

A escassez de mão de obra é um problema crítico que os agricultores enfrentam e que se agrava no caso de operações em grandes campos. Com a utilização de robôs agrícolas para ajudar os agricultores na apanha da fruta, na colheita, na plantação, no transplante, na pulverização, na sementeira e na monda. Os agricultores confiam cada vez mais nos robôs para automatizar as tarefas repetitivas no campo. Utilizam máquinas agrícolas inteligentes, como tractores autónomos e semi-autónomos para a colheita. Os robôs permitem que os agricultores se concentrem mais na melhoria da produtividade geral, sem terem de se preocupar com processos agrícolas lentos.

Drones

Aumentar a produtividade das explorações agrícolas e, ao mesmo tempo, reduzir os custos é um desafio. Mas os drones, também conhecidos como veículos aéreos não tripulados (UAV), ajudam os agricultores a ultrapassar este problema de uma forma eficaz. Os drones recolhem dados em bruto que se traduzem em informações úteis para a monitorização das explorações agrícolas. Os drones equipados com câmaras facilitam a obtenção de imagens aéreas e o levantamento de campos próximos e distantes. Estes dados optimizam a aplicação de fertilizantes, água, sementes e pesticidas, impulsionando a agricultura de precisão. Além disso, os drones facilitam o seguimento do gado, a delimitação geográfica e a monitorização das pastagens. Sobrevoam os campos para captar imagens que vão desde simples fotografias de luz visível a imagens multiespectrais que ajudam na análise de culturas, solos e campos.

Agricultura de precisão (AP)

A agricultura de precisão (AP) é a ciência que consiste em melhorar o rendimento das culturas e em apoiar as decisões de gestão através da utilização de sensores e ferramentas de análise de alta tecnologia, recolhendo dados de sensores para melhorar o rendimento das culturas e aumentar a relação custo-eficácia das estratégias de gestão das culturas. É um método em que os agricultores utilizam quantidades exactas de insumos, como água, pesticidas e fertilizantes, para melhorar a qualidade e a produtividade do rendimento. O mesmo tratamento para toda a exploração agrícola é, portanto, ineficaz e conduz a um desperdício de tempo e de recursos.

Biotecnologia agrícola

A aplicação da biotecnologia na agricultura melhora a qualidade das culturas e do gado. Técnicas científicas como o melhoramento de plantas, a hibridação, a engenharia genética e a cultura de tecidos facilitam a identificação de melhores características nas plantas. Produz plantas transgénicas com as qualidades desejadas, como tolerância a doenças, tolerância à seca, resistência a pragas e elevada capacidade de produção. Aumenta assim a rentabilidade da produção agrícola.

Grandes dados e análises

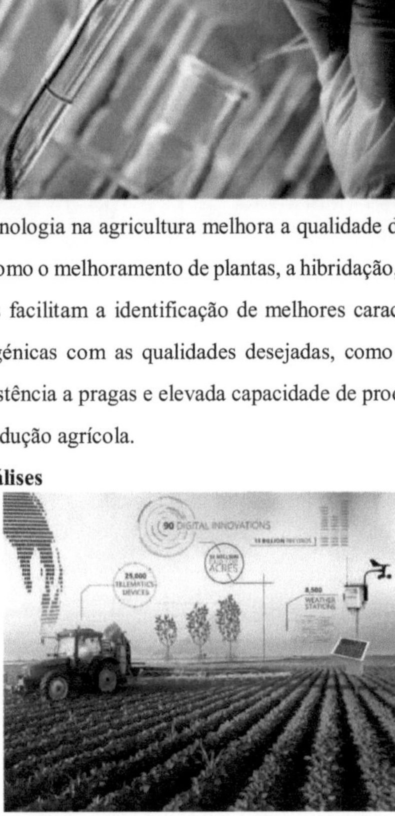

Os grandes volumes de dados e as técnicas de análise transformam os dados agrícolas quotidianos em informações accionáveis. As estatísticas sobre a área de cultivo, a produção, a utilização dos solos, a irrigação, os preços agrícolas, as previsões meteorológicas e as doenças dos cultivos estabelecem as bases para a campanha agrícola seguinte. As ferramentas analíticas utilizam dados sobre eventos climáticos, equipamento agrícola, ciclos da água, qualidade e quantidade de culturas para extrair informações relevantes para as operações agrícolas. Isto permite aos agricultores identificar padrões e relações que, de outra forma, poderiam permanecer ocultos. Por exemplo, os dados analíticos promovem uma compreensão dos níveis de nutrientes do solo, da acidez e da alcalinidade, bem como das necessidades de fertilizantes, permitindo a tomada de decisões com base em dados.

Agricultura em ambiente controlado

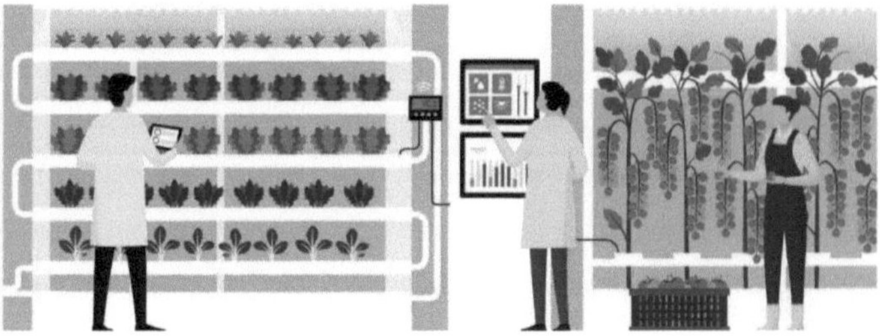

As flutuações e os fenómenos meteorológicos extremos dificultam constantemente os métodos agrícolas convencionais. Além disso, a produção de culturas em cidades populosas, desertos ou outras condições desfavoráveis coloca desafios significativos. Isto é ultrapassado pela agricultura de ambiente controlado (AEC). Na AEC, as plantas são sujeitas a uma proporção controlada de luz, temperatura, humidade e nutrientes. Existem diferentes ambientes de cultivo, nomeadamente a agricultura de interior, a agricultura vertical e as estufas, entre outros. Verifica-se um aumento da utilização de técnicas como a hidroponia e a aeroponia, que envolvem o cultivo de plantas sem solo num meio nutritivo líquido ou vapor. Outra técnica é a aquaponia, em que as plantas e os peixes são cultivados simultaneamente. Os peixes fornecem nutrientes às plantas, enquanto as plantas purificam a água para os peixes. Os métodos CEA reduzem as pragas e as doenças, aumentam o rendimento e estabelecem práticas agrícolas sustentáveis.

Agricultura Natural de Orçamento Zero (ZBNF)

Como o próprio nome inclui Orçamento Zero, ou seja, crédito zero e nenhuma despesa com insumos no sistema de produção. É um tipo de agricultura natural, o que significa cultivar na natureza sem o uso de quaisquer produtos químicos. Por conseguinte, é um método de sistema de agricultura sem produtos químicos baseado em práticas agrícolas convencionais. Promove práticas agrícolas sem produtos químicos. Esta prática consiste na transição da aplicação de nutrientes químicos para factores de produção naturais alternativos. Este método proporciona uma plataforma para eliminar a necessidade de fertilizantes e pesticidas dispendiosos, prevenindo assim a degradação do solo e conservando também os recursos hídricos, o que acaba por reduzir o custo dos factores de produção. As nossas práticas culturais tradicionais podem ser utilizadas da melhor forma possível para um sistema de agricultura sem produtos químicos.

Aves de capoeira

Aves de capoeira:

1. **Alimentador automático**

A ração é fornecida a todo o comprimento do galinheiro através de comedouros especialmente concebidos para o efeito, com dispositivos do tipo corrente para mover a ração dos contentores de ração para a outra extremidade. Estes são accionados com eletricidade e a altura do comedouro pode ser ajustada em função da idade das aves. Aqui podemos ver um sensor de alimentação do tabuleiro nas extremidades de cada linha de alimentação que controla os motores para conseguir a entrega automática de ração. Quando todos os tabuleiros estiverem cheios de ração, a caixa de controlo interrompe o funcionamento dos motores. Quando os tabuleiros estiverem cheios de ração, estes ligam o controlo que reinicia o motor.

2. Tecnologia de câmara 3D para pesagem de alta precisão de aves de capoeira

A tecnologia da câmara 3D pode pesar todas as aves dentro do seu campo de visão. Como o sistema pode capturar dados de aves leves e pesadas, ele pode gerar uma estimativa mais precisa da média e uniformidade do lote do que outras abordagens. Previsões de peso, alertas de anormalidade e curvas de ganho diário podem ser gerados a partir desses dados, ajudando os produtores a obter informações sobre a saúde e o bem-estar do lote. Pode gravar mesmo no escuro com a sua fonte de luz IV interna.

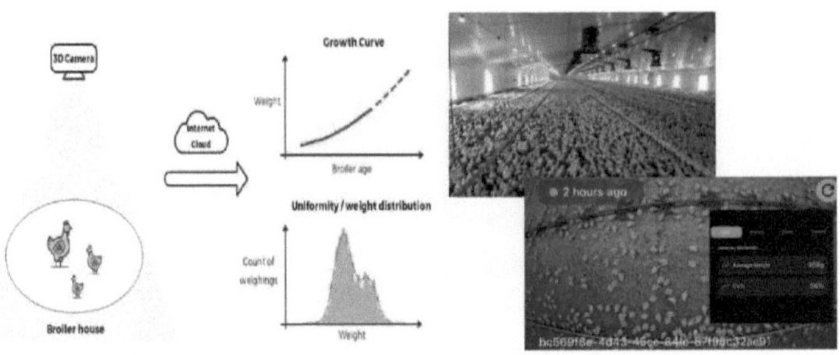

3. Monitoriza a distribuição das aves no chão com visão artificial:

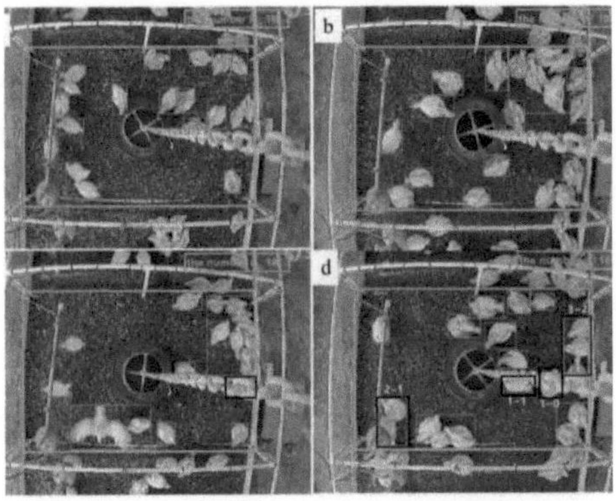

Nos aviários comerciais com piso de cama, a densidade das aves e o padrão de distribuição são factores críticos para avaliar a gestão da produção e a saúde/bem-estar dos animais. Atualmente, a inspeção diária de rotina da distribuição dos bandos de frangos de carne nos aviários comerciais é feita manualmente, o que exige muito trabalho e consome muito tempo. Este método baseado na visão artificial pode monitorizar a distribuição no solo dos frangos nas zonas de bebida, alimentação e repouso/atividade. Isto fornece a base para o desenvolvimento de uma ferramenta de avaliação em tempo real para detetar padrões de distribuição no chão de frangos de carne, comportamentos e indicadores de bem-estar em instalações de produção comercial.

4. Robô autónomo para a gestão de galinheiros sem gaiolas

Este sistema robótico terrestre está programado para interagir com as galinhas, permitindo-lhe navegar em segurança no ambiente do galinheiro sem as magoar. Este robô pode detetar e caraterizar ativamente o estado das aves à medida que se desloca pelo galinheiro. Foram desenvolvidos algoritmos personalizados que permitem ao robô procurar ovos e aves mortas nas áreas do chão dos galinheiros e dos aviários. Este robô é um sistema inteligente equipado com um conjunto de sensores, incluindo sensores ambientais, câmaras 2D e 3D e um pequeno braço robótico.

Lacticínios

Lacticínios:

1. Rastreador de fitness para gado

A produtividade, o tempo de vida e a reprodutividade do gado são reduzidos por problemas de saúde. Os agricultores gastam muito dinheiro com a saúde e o bem-estar do seu gado todos os anos. Por outro lado, os agricultores podem acompanhar, monitorizar e controlar a nutrição, o comportamento, a gravidez, a frequência de ordenha, as anomalias na produção de leite e o nível de atividade em tempo real, graças a dispositivos para animais, semelhantes aos rastreadores de fitness humanos. Esses rastreadores inteligentes para animais podem ser colocados nas orelhas, caudas, pernas, pescoço ou qualquer outra parte do corpo do gado.

2. Ordenha com robôs

Tradicionalmente, as vacas são ordenhadas manualmente. Esta operação não é apenas demorada, mas também tem um custo de mão de obra, o que aumenta o preço do leite. A ordenha robotizada permite aos agricultores minimizar a necessidade de trabalho físico e manter um procedimento de ordenha higiénico. O equipamento de ordenha robotizada tem braços ou copos com sensores que podem ser colocados nas tetas das vacas individualmente. Os sensores podem detetar se a vaca ou uma das suas tetas está pronta para a ordenha. Uma vez iniciado o processo de ordenha, os dispositivos podem detetar contaminantes, cor e qualidade do leite. Se o leite não puder ser consumido por humanos, é encaminhado para um recipiente diferente. Quando o processo estiver concluído, os dispositivos podem também limpar e desinfetar automaticamente as tetas.

3. Drones para monitorização de gado

Os agricultores são obrigados a manter uma vigilância manual sempre que o gado sai da exploração para pastar. Existe uma possibilidade considerável de o gado se perder, ser roubado ou atacado por outros animais. Os drones de monitorização de gado podem seguir o gado e conduzi-lo de volta dos campos para os celeiros. Alguns drones estão equipados com equipamento de deteção térmica, o que lhes permite seguir o gado com base no seu calor corporal. Os drones também podem analisar os terrenos de pastagem e comunicar informações sobre se são adequados para o pastoreio do gado.

4. Caixas de alimentação automáticas:

As caixas de alimentação automáticas podem ser utilizadas tanto para alimentação seca como líquida. As caixas de alimentação automática distribuem a ração com base na dose diária definida no teu computador. Os animais são identificados através de um chip eletrónico implantado na orelha.

5. **Inseminação artificial:**

A inseminação artificial (IA) é o processo de recolha de espermatozóides de um animal macho e a sua colocação manual no aparelho reprodutor de uma fêmea. A IA aumenta o potencial de seleção genética e reduz a transmissão de doenças.

Vantagens:

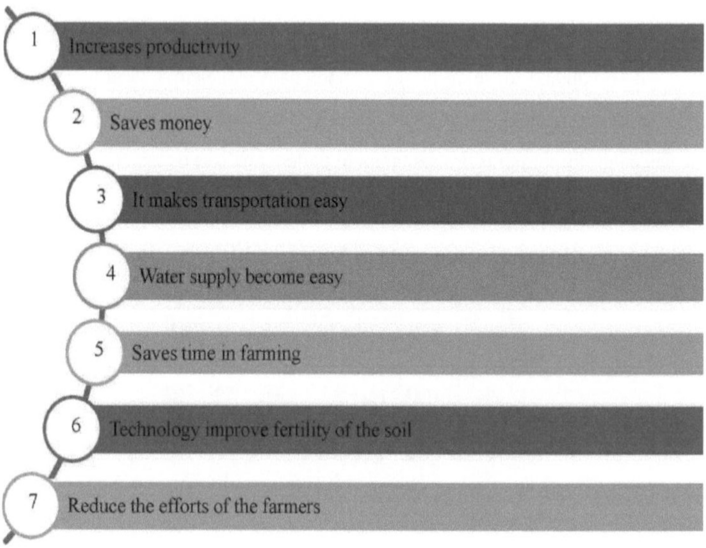

1. **Aumenta a produtividade**

A tecnologia moderna aumentou muito a produtividade na agricultura, com a ajuda da tecnologia os agricultores podem fazer muito trabalho com menos esforço e em menos tempo. Existem muitos dispositivos tecnológicos e máquinas que podem facilmente aumentar a produtividade dos agricultores na agricultura. Drones, robôs, tractores automáticos e muitas outras máquinas tecnológicas são utilizadas na agricultura para aumentar a produtividade. Com a ajuda da tecnologia moderna, os agricultores trabalham de forma muito eficiente porque reduz os esforços dos agricultores na agricultura.

2. Poupa dinheiro

A tecnologia poupa o dinheiro dos agricultores na agricultura. Com a ajuda da tecnologia, os agricultores podem trabalhar de forma muito eficiente, com menos esforço e em menos tempo. O trabalho que exigia muitas pessoas e tempo para fazer, pode ser feito facilmente pela tecnologia moderna sem gastar muito dinheiro com isso. Os agricultores não têm que pagar o dinheiro extra pelos serviços do agricultor.

3. Facilita o transporte

O transporte torna-se muito fácil para os agricultores com a ajuda da tecnologia. Podem transportar facilmente as colheitas de um lugar para outro. Os camiões e os tractores são utilizados principalmente para o transporte das colheitas de um local para outro. Antes da tecnologia moderna, os agricultores utilizavam carroças de búfalo para transportar as colheitas de um lugar para outro. Isto era muito difícil para eles porque o transporte em carroças de búfalo demorava muito tempo. Mas agora, com a ajuda da tecnologia de transportes, podem transportar facilmente as colheitas de um sítio para outro.

4. Poupa tempo na agricultura

Como todos sabemos, o principal objetivo da tecnologia é poupar tempo às pessoas que trabalham. A tecnologia também poupa muito tempo aos agricultores na agricultura. Os dispositivos tecnológicos modernos e as máquinas trabalham muito mais rapidamente do que os seres humanos. Se um agricultor pode cultivar um campo numa semana, com a ajuda da tecnologia pode fazê-lo num dia.

5. O abastecimento de água tornou-se fácil

Com a ajuda da tecnologia, o abastecimento de água aos campos pode ser feito facilmente.

Turbinas de água, condutas, drones e muito mais podem ser utilizados para fornecer água aos seus campos. Poupa muito tempo e reduz os esforços dos agricultores no abastecimento de água nos campos.

6. Reduzir os esforços dos agricultores

Reduz muito os esforços dos agricultores na agricultura. Se alguns trabalhos na agricultura exigiam muitos agricultores e requeriam muito esforço, podem ser feitos facilmente utilizando a tecnologia com menos esforços e agricultores.

7. A tecnologia aumenta o comércio e os negócios

A tecnologia moderna aumenta o comércio e o negócio da agricultura. Com a ajuda da tecnologia, podem facilmente comercializar os seus produtos no mercado e expandir o seu comércio e negócio. Com a ajuda da tecnologia, podem facilmente contactar e comunicar com os compradores e vender-lhes as suas colheitas, frutas e legumes. Além disso, podem fazer marketing digital das suas colheitas, frutas e legumes e vendê-los às pessoas em linha.

8. Tecnologia para melhorar a fertilidade do solo

Com a ajuda da tecnologia moderna, os agricultores podem facilmente melhorar a fertilidade do solo na agricultura. Há muitos dispositivos inventados que podem analisar a fertilidade do solo, através dos quais podes cuidar do nosso solo de campo para melhorar a fertilidade.

Desafios enfrentados pelos agricultores:

□ **Educação e formação relacionadas:**

o Falta de conhecimento

o Competências inadequadas

o Falta de competências melhoradas

∏ **Tecnologia e infra-estruturas:**

o Infra-estruturas deficientes

o Falta de armazenamento

o Falta de transportes

□ **Questões económicas e políticas:**

o Falta de dinheiro

o Acesso ao crédito

o Falta de acesso a empréstimos bancários

- **Questões climáticas e ambientais:**

o Solos pobres,

o Fertilidade do solo

o Precipitação não fiável

o Catástrofes naturais, como inundações, granizo

Estudos de investigação

Artigos de investigação:

1. **Título:** Tecnologias de agricultura de precisão para a produção agrícola e pecuária na República Checa

AuthonVrchotact al.

Ano: 2022

Objetivo:

1. Avaliar a utilização prática das tecnologias de agricultura de precisão nas empresas agrícolas da República Checa.

Metodologia:

Área de estudo: República Checa

- Técnica de amostragem: Método de amostragem selectiva
- Dimensão da amostra: 131 empresas

Foi utilizado um questionário pré-testado para recolher dados

Frequência e percentagem, foi utilizado para analisar os dados.

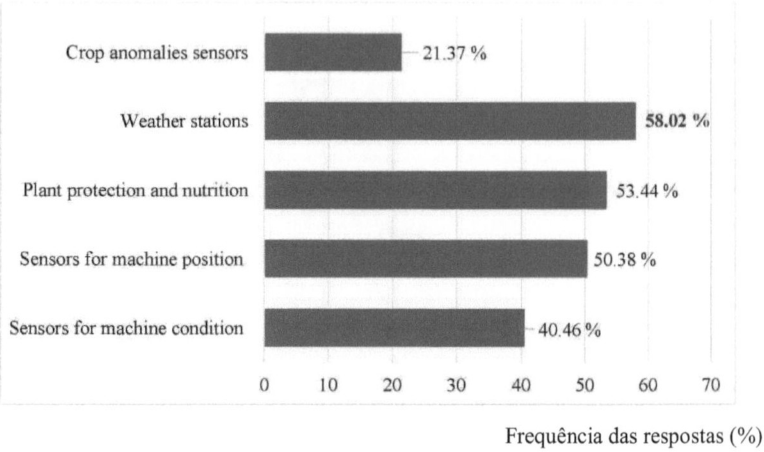

Fig. 1. Utilização de sensores na produção vegetal

A figura 1 mostra que a maioria (58,02%) das empresas utilizava estações meteorológicas. Um pouco mais de metade (53,44%) utilizou sensores para proteção e nutrição das plantas, metade (50,38%) das empresas utilizou sensores para posicionamento de máquinas, sensores para o estado das máquinas (40,46%) e menos (21,37%) das empresas utilizaram anomalias nas culturas.

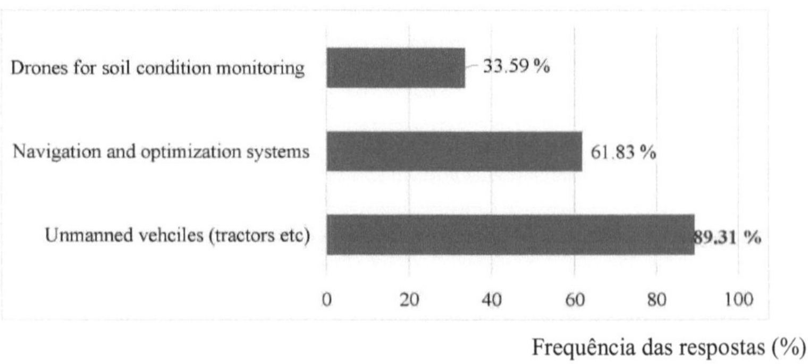

Fig. 2. Utilização de máquinas na produção vegetal

A figura 2 mostra que a maioria (89,31%) das empresas utilizou veículos não geridos (tractores, etc.), um pouco mais de três quintos (61,83%) utilizaram sistemas de navegação e otimização e apenas 33,59% utilizaram drones para monitorizar o estado do solo.

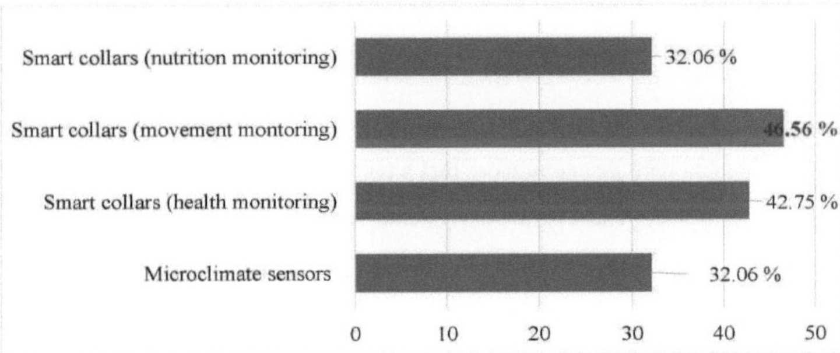

Frequência das respostas (%)

Fig. 3. Utilização de sensores e IoT na produção animal

A figura 3 revela que menos de metade (46,56%) das empresas utilizaram colares inteligentes (monitorização do movimento), seguidos de 42,75% que utilizaram colares inteligentes (monitorização da saúde). Os sensores microclimáticos e os colares inteligentes (nutrição e monitorização) foram utilizados por 32,06% na produção animal.

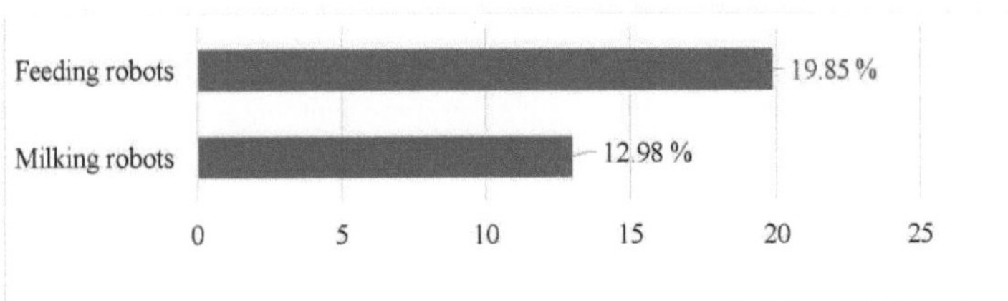

A Fig. 4 mostra que 19,85% das empresas utilizaram robots de alimentação e robots de ordenha (12,98%) na produção animal.

Conclusão

- Na produção agrícola, as tecnologias mais utilizadas são as estações meteorológicas inteligentes, os veículos autónomos, os sistemas de navegação e de otimização. Com a utilização destas tecnologias, a maioria das empresas está a resolver os seus problemas diários. A vantagem das máquinas autónomas na agricultura é aumentar a produtividade e a qualidade e reduzir os custos de gestão das terras.
- Na produção animal, as tecnologias modernas ainda não estão generalizadas. Em vez disso, são utilizadas as práticas de gestão animal existentes e apenas um pequeno número de explorações está a tentar introduzir novas tecnologias, como os colares inteligentes para o movimento, que são atualmente os mais utilizados, muitas vezes para proteger os animais de roubos. Gradualmente, com o desenvolvimento das redes 5G e a utilização da robótica no fabrico, esta situação irá mudar no futuro.

Revê:

Vrchotaet al. (2022) realizaram um estudo sobre tecnologias de agricultura de precisão para a produção vegetal e animal na República Checa. Foi selecionado um total de 131 empresas através do método de amostragem intencional, tendo sido utilizado um questionário pré-testado para recolher dados e, para analisar os dados, utilizou-se a frequência e a percentagem. Os resultados revelaram que a maioria (58,02%) das empresas utilizava estações meteorológicas. Um pouco mais de metade (53,44%) utilizava sensores para proteção das plantas e sensores de nutrientes na produção vegetal. A maioria (89,31%) das empresas utilizava veículos não geridos (tractores, etc.) e um pouco mais de três quintos (61,83%) utilizavam máquinas de sistemas de navegação e otimização na produção vegetal. Menos de metade (46,56%) das empresas utilizaram sensores de coleiras inteligentes (monitorização do movimento) na produção animal. Apenas 19,85% das empresas utilizaram robots de alimentação na produção animal.

2. **Título:** Como a comunicação afeta a adoção de tecnologias digitais na produção de soja: Uma pesquisa no Brasil

Autores: *Colussiet al.*

Ano: 2022

Objetivo:

1. Coletar informações através de uma pesquisa online com produtores de soja sobre a adoção de tecnologias digitais no Brasil

Metodologia:

- Área de estudo: Os cinco principais estados produtores de soja do Brasil: Mato Grosso, Paraná, Rio Grande do Sul, Goiás e Mato Grosso do Sul.
- Dimensão da amostra: 461 agricultores

Utilizou-se um questionário online para recolher dados

A estatística descritiva foi utilizada para analisar os dados.

Tabela 1. Nível de utilização das tecnologias na exploração e nível da sua influência na tomada de decisões e nos benefícios.

Precision and Digital Technologies	**Means**
Guidance/autosteer	**3.56**
Satellite/drone imagery	2.99
Yield monitors	2.92
Telematic systems	2.11
Wired or wireless sensor networks	2.10
Electronic records/mapping for traceability	2.09
Spot spray systems	1.98
Soil EC mapping	1.50
Decisions	
Nitrogen, phosphorus, potassium (NPK) fertilization and liming applications	**3.64**
Overall hybrid/variety selection	3.49
Overall crop planting rates	3.44
Planting date decision	3.35
Pesticide selection (herbicides, insecticides or fungicides)	3.26
Cropping sequence/rotation decisions	3.12
Variable seeding rate	2.38
Irrigation decisions	2.02
Benefits	
Increased crop productivity/yields	**3.70**
Cost reductions	3.63
Labor efficiencies	3.57
Autosteer (less fatigue/stress)	3.54
Time savings (paper filing to digital)	3.51
Purchase of inputs	3.38
Lower environmental impact	3.34
Marketing choices	3.31

A Tabela 1 revelou que a orientação/autostato tem a maior taxa de adoção (3,56), tecnologia de satélite/drone (2,99) seguida por monitores de rendimento (2,92). Em relação à precisão e às ferramentas digitais na tomada de decisões, a fertilização com nitrogénio, fósforo, potássio (NPK) e as aplicações de calagem (3,64) têm a maior influência entre os inquiridos, em geral a seleção de híbridos/variedades (3,49). O aumento da produtividade/rendimento das culturas teve o maior nível de influência entre os inquiridos (3,70), seguido da redução de custos e da eficiência laboral (3,63).

Conclusão

Tecnologias como a orientação/autostato tiveram um alto nível de adoção. No que diz respeito à fertilização com azoto, fósforo e potássio (NPK) e às aplicações de calagem, estas tiveram grande influência entre os inquiridos e o aumento dos benefícios para as culturas é o maior benefício para os agricultores no que diz respeito às tecnologias.

ReviewzColussiet al. 2022 estudaram como a Comunicação Afeta a Adoção de Tecnologias Digitais na Produção de Soja: A Survey in Brazi. Uma amostra de 461 entrevistados foi selecionada para o estudo, um questionário online foi usado para coletar os dados e a estatística descritiva foi usada para analisar os dados. O estudo revelou que a orientação/autostato tem a maior taxa de adoção (3,56). Em relação à precisão e às ferramentas digitais na tomada de decisões, as aplicações de fertilização com azoto, fósforo, potássio (NPK) e calagem (3,64) têm a maior influência entre os inquiridos. O aumento da produtividade/rendimento das culturas teve o maior nível de influência entre os inquiridos (3,70), seguido da redução de custos e da eficiência do trabalho (3,63).

3. **Título:** Economia comparativa da agricultura natural de orçamento zero com sistemas agrícolas convencionais na zona seca do norte (Zona-3) de Karnataka

Autores: Babalad *et al.*

Ano: 2021

Objectivos:

1. Identificar as principais diferenças entre as práticas agrícolas naturais e convencionais

Metodologia:

- Área de estudo: Zona seca do norte de Karnataka
- Tamanho da amostra: 80 agricultores
- Método de amostragem: Método de amostragem aleatória simples
- Programa da entrevista
- Foram utilizadas percentagens de frequência para analisar os dados

Resultados:

Quadro 1: Eficiência das práticas agrícolas naturais de orçamento zero de acordo com a opinião geral do agricultor

Sl. No	Particulars	Per cent to total no. of farmers		
		Yes (%)	No (%)	No change (%)
1	Pest management thorough ZBNF components	7.51	89.23	3.26
2	Diseases management thorough ZBNF components	11.52	78.36	10.12
3	Higher requirement labour	46.23	51.26	2.51
4	Improvements in soil parameters	0	18.95	81.05
5	Improvement in population of soil arthropods	0	22.54	77.46
6	Availability of Assured marketing for ZBNF produce	0.25	12.36	87.39
7	Improvements in yield levels	33.71	54.13	12.16
8	Received higher market price for ZBNF output	2.36	64.21	33.43
9	Reduction in cost of cultivation	92.03	1.21	6.76
10	Higher credit requirement in ZBNF	0.81	62.3	36.89

A Tabela 1 mostra que a grande maioria (92,03%) expressou que a ZBNF reduz o custo do cultivo, 89,23% expressou que o manejo de pragas não é possível através da ZBNF, 87,39% expressou que a ZBNF reduz o custo do cultivo.

não há alteração na disponibilidade do preço de mercado garantido para a ZBNF. Não há melhoria nos parâmetros do solo (81,05%). Não há gestão de doenças através de componentes ZBNF (78,36%), não há mudança na melhoria da população de artrópodes do solo (77,46%), menos de dois terços (64,21%) dos agricultores não receberam um preço de mercado mais elevado para a produção de ZBNF. não há melhoria no nível de rendimento (54,13%), não há maior necessidade de mão de obra (51,26%).

Conclusão

O estudo concluiu que a maioria dos agricultores opinou que a incidência de pragas e doenças nas culturas arvenses não era gerida eficazmente no âmbito da ZBNF.

Revê:

Babalad *et al.* (2021) estudaram a Economia Comparativa da Agricultura Natural de Orçamento Zero com Sistemas de Agricultura Convencionais na Zona Seca do Norte (Zona-3) de Karnataka. Os resultados revelaram que o rendimento, o custo de cultivo, os rendimentos brutos e os rendimentos líquidos eram significativos a 5% do nível de probabilidade. A maioria dos agricultores (89,23% e 78,36%) opinou que a incidência de pragas e doenças nas culturas arvenses não era gerida eficazmente no âmbito da ZBNF. Um pouco mais de metade (54,13%) dos agricultores da amostra registaram rendimentos mais baixos e 34,00% opinaram que os níveis de rendimento eram mais elevados.

4. **Título:** Avalia a eficácia da agricultura de precisão em relação às tecnologias agrícolas convencionais

Autores: Murali *krishnanet al.*

Ano: 2022

Objetivo:

1. Avaliar a eficácia da agricultura de precisão em relação à agricultura convencional.

Metodologia:

- Área de estudo: Distrito de Dharmapuri, Tamil Nadu

- Dimensão da amostra: 120 inquiridos
- Método de amostragem: Método de amostragem aleatória

Utilizou-se um programa de entrevistas para recolher dados

As diferenças de produtividade, renda, sob a agricultura de precisão e convencional foram trabalhadas a partir dos dados de custo de cultivo. A eficiência técnica foi calculada pelo software Data Envelop Analysis. O nível de satisfação do agricultor foi calculado pelo índice

Quadro 1: Taxa de retorno sobre o custo de cultivo do algodão e da cúrcuma

Particulars	Cotton (ha)		Turmeric (ha)	
	Conventional Farming (Rs)	Precision Farming (Rs)	Conventional Farming (Rs)	Precision Farming (Rs)
Seed/setts cost	3,947	4,745	1,900	1,839
Seed treatment cost	1,000	500	1,000	500
Nursery & Planting cost	3,000	3,782	5,029	4,539
Machinery labour cost	7,935	9,082	5,924	7,000
Irrigation cost	7,965	20,000	4,848	20,000
Fertigation/fertilizer cost	5,988	14,000	6,952	12,000
Plant protection cost	17,935	15,645	7,871	5,609
Weeding cost	9,694	5,818	6,014	4,000
Harvesting cost	9,865	12,727	2,990	3,000

Package& Transport cost	0	0	2,019	3,000
Rent cost	5,000	5,000	5,000	5,000
Interest on working capital	4,976	4,100	2,995	3,183
Total production cost	79,306	95,355	52,543	69,757
Gross income	1,95,000	3,04,000	1,08,533	1,64,043
Net income	1,15,694	2,08,645	55,990	94,287
BC ration	1.46	2.18	1.07	1.35

A Tabela 1 mostra que no algodão, em termos económicos, o rendimento líquido foi de Rs. 1,15,694/ha na agricultura convencional e o custo total de produção foi de Rs. 79,306 /ha. Na agricultura de precisão o rendimento líquido foi de Rs. 2,08,645 /ha e o custo total de cultivo foi de Rs 95355 /ha. O rácio BC foi de 1,46 na agricultura convencional e de 2,18 na agricultura de precisão. No açafrão-da-terra, em termos económicos, o rendimento líquido foi de Rs. 55990 /ha na agricultura convencional e o custo total de cultivo foi de Rs. 52543/ha. Mas na agricultura de precisão o rendimento líquido foi de Rs. 94284 /ha e o custo total de produção foi de Rs. 69757/ha. O rácio BC foi de 1,03 na agricultura convencional e de 1,35 na agricultura de precisão.

Tabela 2: Índice de satisfação do agricultor entre a agricultura de precisão e a agricultura convencional.

S.No	Category	Class	Conventional farming f(%)	Precision farming f(%)
1	Very low	7-12.6	06(10.00)	04(06.30)
2	Low	12.7-18.2	24(40.00)	09(15.00)

3	Medium	18.3-23.3	21(35.00)	18(30.00)
4	High	23.9-29.4	08(13.30)	23(38.70)
5	Very high	29.5-35	01(01.70)	06(10.00)
		Mean	08.80	13.20

O quadro 1 revela que o nível de satisfação dos agricultores tem um valor médio significativo de (13,20) na agricultura de precisão e de (08,80) na agricultura convencional. Na agricultura de precisão (38,70 %) dos agricultores tinham um índice de satisfação elevado e 10,00 % dos agricultores tinham um índice de satisfação muito elevado. Na agricultura convencional, a maioria (40,00 %) dos agricultores tinha um índice de satisfação baixo e apenas 01,70 % tinha um índice de satisfação muito elevado.

Conclusão

A agricultura de precisão proporciona bons benefícios financeiros em comparação com o cultivo convencional. A contribuição da tecnologia para a agricultura de precisão tem proporcionado um bom nível de satisfação dos agricultores em termos de produtividade.

Revê:

Murali *krishnanc/ al.* 2022 estudou a avaliação da eficácia da agricultura de precisão em relação às tecnologias agrícolas convencionais. Foi selecionada aleatoriamente uma amostra de 120 inquiridos. Os resultados revelaram que, no algodão, o rendimento líquido foi de 1,15,694 rupias/ha na agricultura convencional e o custo total de produção foi de 79,306 rupias/ha. Na agricultura de precisão, o rendimento líquido foi de 2,08,645 Rs. /ha e o custo total de cultivo foi de 95355 Rs. /ha. No açafrão-da-terra, em termos económicos, o rendimento líquido foi de 55990 Rs. /ha na agricultura convencional e o custo total do cultivo foi de 52543 Rs. /ha. Mas na agricultura de precisão o rendimento líquido foi de Rs. 94284 /ha e o custo total de produção foi de Rs. 69757/ha. Assim, o cultivo de algodão e açafrão-da-terra em agricultura de precisão proporciona bons benefícios financeiros em comparação com o cultivo convencional de algodão. O nível de satisfação dos agricultores tem um valor médio significativo de (13,20) na agricultura de precisão e 38,70% dos agricultores têm um índice de satisfação elevado

5. **Título:** Sistemas de informação de gestão de explorações leiteiras

Autores: Kassahun *et al.*

Ano: 2022

Objetivo:

1. Identificar e sintetizar os FMISs existentes e as suas características para explorações leiteiras através da pesquisa de publicações científicas e da literatura cinzenta.

Metodologia:

- Área de estudo:Neatherland

- Dimensão da amostra: 32 produtores de leite

- Utilizou-se um questionário em linha para recolher dados

O questionário foi partilhado no grupo neerlandês do Facebook chamado "Koeien", que conta com 30 000 membros.

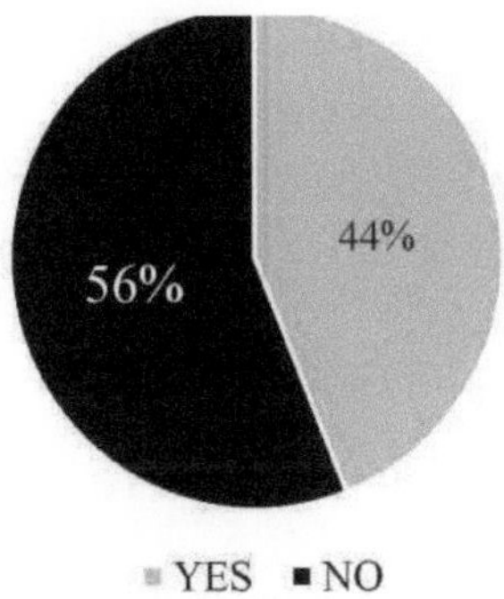

Fig 1: Proporção de agricultores que utilizam um ou mais FMIS

A figura 1 revelou que menos de metade (44,00 %) dos agricultores utilizavam sistemas de informação de gestão agrícola, enquanto 56,00 % dos agricultores não utilizavam sistemas de informação de gestão agrícola.

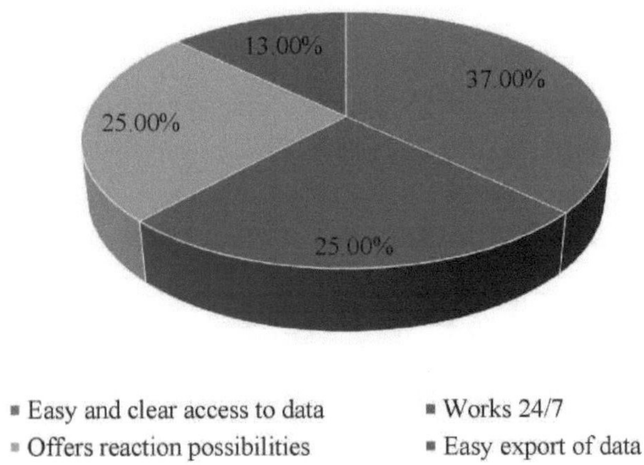

Fig. 2. As vantagens do atual sistema FMIS

A figura 2 mostra que a maioria (37,00 %) dos inquiridos expressou que os sistemas de informação de gestão agrícola são de acesso fácil e claro a dados úteis. 25,00 por cento expressaram que o FMIS funciona 24/7 e oferece possibilidades de reação, 13,00 por cento expressaram que o FMIS é fácil de ser exportado para outros sistemas.

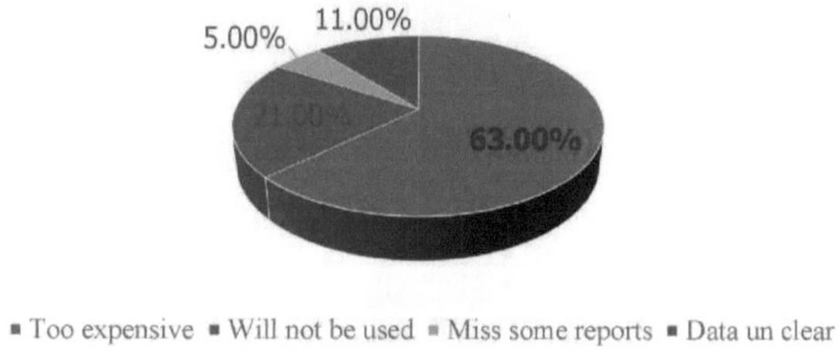

Fig. 3. As desvantagens do atual sistema FMIS

A Fig. 3 revelou que a maioria (63,00 %) expressou que o FMIS é demasiado caro, 21,00 % expressou que não será utilizado, os dados não são claros (11,00 %), faltam alguns relatórios (05,00 %).

Conclusão

Os FMIS fornecem uma visão geral muito completa e estruturada dos dados gerados por uma exploração agrícola. Fornece novas perspectivas de um ponto de vista prático para as revisões sistemáticas. A principal conclusão é que os FMIS apoiam eficazmente a gestão das explorações agrícolas, o que se traduz em custos mais baixos, aumento da qualidade dos produtos, melhoria do bem-estar dos animais e um aumento global da segurança.

Revê:

Kassahun *et al.* 2022 estudaram os sistemas de informação de gestão de explorações leiteiras (FMIS). Foi selecionado um total de 32 inquiridos. Foi utilizado um questionário para recolher os dados. Os resultados revelaram que menos de metade (44,00 %) dos agricultores utilizavam sistemas de informação de gestão agrícola. A maioria (37,00 %) dos inquiridos expressou que os sistemas de informação de gestão agrícola eram de acesso fácil e claro a dados úteis. 25,00 por cento expressaram que o FMIS funciona 24/7 e oferece possibilidades de reação, 13,00 por cento expressaram que o FMIS é fácil de ser exportado para outros sistemas.

6. **Título:** Uma panorâmica da utilização de tecnologias de agricultura de precisão pelos agricultores - Um estudo de caso do Nordeste de Karnataka

Autores: Shruthi *et al.*

Ano: 2022

Objetivo:

1. Estudar o grau de utilização das tecnologias de agricultura de precisão a nível das explorações agrícolas.

Metodologia:

- Área de estudo: Karnataka
- Tamanho da amostra: 56 agricultores

Dados primários recolhidos junto dos agricultores que adoptaram técnicas de agricultura de precisão em arroz, feijão bóer e algodão.

Para recolher os dados, foi utilizado um guião de entrevista pré-testado.

- Utilizou-se a análise tabular para analisar os dados

Quadro 1: Sensibilização para as práticas agrícolas de precisão entre os agricultores que praticam a agricultura de precisão

Particulars	Paddy (n=38)		Pigeonpea (n=11)		Cotton (n=7)	
Precision farming	no.	%	no.	%	no.	%
Size of grid	38	100.00	11	100.00	7	100.00
Number of grids	31	81.58	8	72.73	6	85.71

Soil sampling	38	100.00	11	100.00	7	100.00
Soil analysis	38	100.00	11	100.00	7	100.00
Laser levelling	38	100.00	11	100.00	7	100.00
Observation of crop characteristics	23	60.53	8	72.73	5	71.43
GIS mapping & interpretation	21	52.26	8	72.73	4	57.14
Variable rate of application of fertilizers	38	100.00	11	100.00	7	100.00
Harvesting by grids	38	100.00	11	100.00	7	100.00

O quadro 1 mostra que todos os agricultores (100,00 %) das três culturas tinham conhecimento da agricultura de precisão, do tamanho da grelha, da amostragem do solo, da análise do solo, da taxa variável de aplicação de fertilizantes, do nivelamento a laser e da colheita por grelhas. No que respeita ao número de grelhas, 81,58% dos produtores de arroz, 72,73% dos produtores de feijão-frade e 85,71% dos produtores de algodão tinham conhecimento. A observação das características das culturas era conhecida por 60,53% dos produtores de arroz, 72,73% dos produtores de feijão-frade e 71,43% dos produtores de algodão. O mapeamento e a interpretação do SIG foram efectuados no laboratório de precisão e eram conhecidos por 55,26% dos produtores de arroz, 72,73% dos produtores de feijão-frade e 57,14% dos produtores de algodão.

Tabela 2. Grau de utilização das tecnologias de agricultura de precisão entre os agricultores que praticam esta atividade

Particulars	Paddy (n=38)		Pigeonpea (n=11)		Cotton (n=7)	
Precision farming	no.	%	no.	%	no.	%
Grid soil sampling	38	100.00	11	100.00	7	100.00
Global positioning system (GPS)	38	100.00	11	100.00	7	100.00
Geographic information system (GIS)	38	100.00	11	100.00	7	100.00
Variable rate applicators/ techniques	38	100.00	11	100.00	7	100.00
Remote sensing	0	00.00	0	0	00.00	0
Yield monitors	0	00.00	0	0	00.00	0
Crop sensors	38	100.00	11	100.00	7	100.00

O quadro 2 mostra que cem por cento (100,00 %) utilizaram amostragem de solo em grelha, sistema de posicionamento global (GPS), sistema de informação geográfica (SIG), aplicadores/técnicas de taxa variável e sensores de culturas.

Conclusão

Tecnologia de agricultura de precisão para aumentar a produção e a produtividade. Centésimos por cento dos inquiridos tinham conhecimento das tecnologias de agricultura de precisão. Centésimos por cento deles utilizam a amostragem do solo em grelha, o sistema de posicionamento global (GPS), o sistema de informação geográfica (SIG) e aplicadores/técnicas de taxa variável.

Revê:

Shruthi *et al.* 2019 efectuaram um estudo sobre *uma* panorâmica da utilização de tecnologias de agricultura de precisão pelos agricultores - um estudo de caso do Nordeste de Karnataka. Foi selecionado um total de 56 agricultores. Os resultados revelaram que um por cento dos agricultores das três culturas tinham conhecimento da agricultura de precisão, do tamanho da grelha, da amostragem do solo, da análise do solo, da taxa variável de aplicação de fertilizantes, do nivelamento a laser e da colheita por grelhas. Centésimos por cento utilizavam a amostragem do solo por grelha, o sistema de posicionamento global (GPS), o sistema de informação geográfica (SIG), os aplicadores/técnicas de taxa variável e os sensores de colheita.

7. **Título:** Um estudo sobre a adoção de tecnologias agrícolas modernas a nível das explorações agrícolas em Bihar

Autores: Singh *et al.*

Ano: 2020

Objetivo:

2. Estudar o nível de adoção de tecnologias agrícolas modernas

Metodologia:

- Área de estudo: Bihar
- Tamanho da amostra: 160 agricultores
- Técnica de amostragem: Técnica de amostragem aleatória estratificada
- Os dados primários foram recolhidos através de discussões em grupo e do método de inquérito, utilizando calendários pré-testados

Utilizou-se a estatística descritiva para analisar os dados

Quadro 1. Adoção de tecnologias modernas por agregados familiares da amostra nas aldeias estudadas em Bihar

n=160

Farmers categories	Percentage of farmers				
	Advanced horticulture (%)	Modern seeds (%)	Pesticides (%)	Artificial insemination of animal (%)	Advanced fisheries (%)
Marginal (72)	18.06	13.89	08.33	73.61	01.39
Small (57)	26.32	28.07	03.51	63.16	03.51
Medium (15)	20.00	46.67	00.00	60.00	00.00
Large (16)	50.00	18.75	12.50	56.25	00.00
Total (160)	24.38	22.50	06.25	**66.88**	01.88

O quadro 1 revelou que a maioria (66,88%) dos agricultores adoptou a inseminação artificial de animais, 24,38% adoptaram tecnologias avançadas de horticultura, seguidas de 22,50% de sementes modernas, pesticidas (6,25%) e pesca avançada (1,88%).

Conclusão

O nível de adoção da inseminação artificial é comparativamente elevado devido à participação ativa das cooperativas e do sector privado em Bihar. Menos de um quarto dos agricultores adoptou a horticultura avançada e sementes de culturas modernas em Bihar.

Revê:

Singh *et al.* efectuaram um estudo sobre a adoção de tecnologias agrícolas modernas a nível das explorações agrícolas em Bihar. Foi selecionada uma amostra de 160 agricultores através de uma técnica de amostragem aleatória estratificada. O estudo revelou que a maioria (66,88%) dos agricultores adoptou a inseminação artificial de animais, 24,38% adoptaram tecnologias avançadas de horticultura, seguidas de 22,50% de sementes modernas, pesticidas (6,25%) e pesca avançada (1,88%).

Wardha Kukudpalan Krishi Udyog Sanshodhan Sahakari Sanstha, Vidarbha

- Criada em 1993, está a gerar lucros para os seus 438 membros ou accionistas. A empresa, com um volume de negócios anual de Rs7,23 crore, ganhou os prémios **Sahakar Bhushan e Sahakar Maharshi**.
- A criação de aves de capoeira tem sido um grande sucesso graças à tecnologia moderna utilizada na criação de aves de capoeira, na preparação de alimentos e na tecnologia de conservação de água no abastecimento regular de água. **Shridhar Thakre**, diretor-fundador da unidade, é a pessoa-chave por detrás do sucesso. Thakre disse ao TOI que a unidade foi desenvolvida em toda a sua capacidade num terreno de 7 acres, tendo-se agora expandido para 27 acres, e é uma unidade autossuficiente com duas unidades de fabrico de rações e dois armazéns para a

armazenagem de matérias-primas.

- O chefe executivo do projeto e veterinário, Dr. Anil, afirmou que um dos factores de sucesso das aves de capoeira é a integração de unidades de alimentação no projeto. "Isto torna o projeto sustentável, uma vez que a alimentação tem um custo elevado. As duas unidades de alimentação têm uma capacidade de 2MT por hora", afirmou o Dr. Anil.

Fonte:Times of India

Conclui:

Estas tecnologias tiveram um impacto grande e ainda em crescimento no sector agrícola. Estas tecnologias na agricultura ajudaram a aumentar a eficiência dos agricultores e a sua produção de culturas. Ajudaram os agricultores a controlar a humidade das culturas e a composição do solo, o que os ajuda a produzir melhores colheitas com maior rendimento. Além disso, as técnicas modernas não só ajudaram a nível local, mas também a nível global. A desflorestação tornou-se um grande problema e, com a utilização de tecnologias, tem o potencial de ajudar a reduzir a desflorestação, ajudando a obter alimentos que podem ser cultivados em áreas urbanas. Embora as tecnologias tenham muitos aspectos positivos, também têm algumas desvantagens. O problema da utilização de tecnologias na agricultura é que é preciso muito dinheiro e formação para ter sucesso. Este tipo de tecnologia requer pessoal formado, o que custa tempo e dinheiro, e uma ligação constante à Internet. O objetivo de ajudar os países em desenvolvimento com a agricultura enfrenta desafios porque estes países não têm dinheiro para pagar esta tecnologia ou uma ligação estável à Internet nestas áreas remotas.

****

Universidade de Ciências Agrícolas de Dharwad
Faculdade de Ciências Comunitárias
Departamento de Extensão e Gestão da Comunicação
Seminário
sobre
TENDÊNCIAS RECENTES NA AGRICULTURA

Nome: G. Sriharsha
N.o de identificação: PGS21CSC863
Data:07.09.2022
Orientador principal: Dr. Surekha Sankangoudar
Hora: 15:00

Sinopse

Introdução:

A agricultura é o maior empregador do mundo porque quase todas as indústrias dependem de produtos agrícolas em bruto. A agricultura desempenha um papel vital na economia da Índia. Na Índia, cerca de 54,6% da população dedica-se à agricultura e a actividades conexas. A Índia é o maior produtor mundial de leite, leguminosas e juta, e é o segundo maior produtor de arroz, trigo, cana-de-açúcar, amendoim, legumes, fruta e algodão. É também um dos principais produtores de especiarias, peixe, aves de capoeira, gado e culturas de plantação. De acordo com a FAO das Nações Unidas, a Índia ganhou uma autossuficiência na produção agrícola, mas continua a ser o lar de cerca de 25% das pessoas que passam fome no mundo e há mais de 190 milhões de pessoas subnutridas no nosso país. Embora a agricultura na Índia tenha alcançado a autossuficiência em cereais, a produção é intensiva em recursos. A principal razão para este problema é a falta de tecnologia e de sensibilização para a agricultura. No século XXI, a tecnologia teve um grande impacto em todos os domínios e a agricultura é um deles.

Tendências recentes na transferência de tecnologia na agricultura:

Agriculture	Poultry	Dairy
1. Internet of Things 2. Agricultural Robotics 3. Artificial Intelligence 4. Drones 5. Precision Agriculture **6. Agricultural Biotechnology** 7. Big Data & Analytics 8. Controlled Environment Agriculture 9. Zero budget natural farming	1. Automatic feeder 2.3D camera technology for high precision weighing of poultry 3. Monitor poultry floor distribution with machine vision 4. Autonomous robot for cage-free layer house management	1. Fitness tracker for cattle 2. Drones for Cattle Monitoring 3. Milking Via Robots 4. Automatic feeding boxes 5. Artificial insemination

Estudos de investigação:

Shruthi *et al.* (2019) efectuaram um estudo sobre *uma* panorâmica da utilização de tecnologias de agricultura de precisão pelos agricultores - Um estudo de caso do Nordeste de Karnataka. Os resultados revelaram que um por cento dos agricultores das três culturas tinha conhecimento da agricultura de precisão, do tamanho da grelha, da amostragem do solo, da análise do solo, da taxa variável de aplicação de fertilizantes, do nivelamento a laser e da colheita por grelhas. Centésimos por cento utilizavam a amostragem do solo por grelha, o sistema de posicionamento global (GPS), o sistema de informação geográfica (SIG), os aplicadores/técnicas de taxa variável e os sensores de colheita.

Muralikrishnan *et al.* (2020) estudaram a eficácia da agricultura de precisão em relação às tecnologias agrícolas convencionais. Os resultados revelaram que, no algodão, o rendimento líquido foi de Rs. 1,15,694/ha na agricultura convencional e o custo total de produção foi de Rs. 79,306 /ha. Na agricultura de precisão, o rendimento líquido foi de 2,08,645 Rs. /ha e o custo total de cultivo foi de 95355 Rs. /ha. No açafrão-da-terra, em termos económicos, o rendimento líquido foi de 55 990 rupias/ha na agricultura convencional e o custo total do cultivo foi de 52 543 rupias/ha. Mas na agricultura de precisão o rendimento líquido foi de Rs. 94.284 /ha e o custo total de produção foi de Rs. 69.757/ha. Assim, o cultivo de algodão e açafrão-da-terra em agricultura de precisão proporciona bons benefícios financeiros em comparação com o cultivo convencional de algodão. O nível de satisfação dos agricultores tem um valor médio significativo de (13,20) na agricultura de precisão, sendo que 38,70% dos agricultores têm um índice de satisfação elevado.

Singh *et al.* (2020) realizaram um estudo sobre a adoção de tecnologias agrícolas modernas a nível das explorações agrícolas em Bihar. O estudo revelou que a maioria (66,88 %) dos agricultores adoptou a inseminação artificial de animais, 24,38 % adoptaram tecnologias avançadas de horticultura, seguidas de 22,50 % de sementes modernas, pesticidas (6,25 %) e pescas avançadas (1,88 %).

Babalad *et al.* (2021) estudaram a economia comparativa da agricultura natural de orçamento zero com sistemas agrícolas convencionais na Zona Seca do Norte (Zona-3) de Karnataka. Os resultados revelaram que o rendimento, o custo de cultivo, os rendimentos brutos e os rendimentos líquidos eram significativos a um nível de probabilidade de 5 por cento. A maioria dos agricultores (89,23% e 78,36%) opinou que a incidência de pragas e doenças nas culturas arvenses não era gerida eficazmente no âmbito da ZBNF. Um pouco mais de metade (54,13%) dos agricultores da amostra registaram rendimentos mais baixos e 34,00% opinaram que os níveis de rendimento eram mais elevados.

Colussi *et al.* (2022) estudaram como a Comunicação Afeta a Adoção de Tecnologias Digitais na Produção de Soja: Uma Pesquisa no Brasil. O estudo revelou que a orientação/autocontrole tem a maior taxa de adoção (3,56). Em relação à precisão e às ferramentas digitais na tomada de decisões, as aplicações de nitrogênio, fósforo, potássio (NPK), fertilização e calagem (3,64) têm a maior influência entre os entrevistados. O aumento da produtividade/rendimento das culturas teve o maior nível de influência entre os inquiridos (3,70), seguido da redução de custos e da eficiência do trabalho (3,63).

Kassahun *et al.* (2022) estudaram os sistemas de informação de gestão de explorações leiteiras (FMIS). Os resultados revelaram que menos de metade (44,00 %) dos agricultores utilizavam sistemas de informação de gestão agrícola. A maioria (37,00 %) dos inquiridos expressou que os sistemas de informação de gestão agrícola eram de acesso fácil e claro a dados úteis. 25,00 por cento expressaram que o FMIS funciona 24/7 e oferece possibilidades de reação, 13,00 por cento expressaram que o FMIS é fácil de ser exportado para outros sistemas.

Vrchota *et al.* (2022) realizaram um estudo sobre tecnologias agrícolas modernas para a produção vegetal e animal na República Checa. Os resultados revelaram que a maioria (58,02%) das empresas utilizava estações meteorológicas. Um pouco mais de metade (53,44%) utilizava sensores para proteção das plantas e sensores de nutrição na produção vegetal. A maioria (89,31%) das empresas utilizava veículos não geridos (tractores, etc.) e um pouco mais de três quintos (61,83%) utilizavam máquinas de sistemas de navegação e otimização na produção vegetal. Menos de metade (46,56%) das empresas utilizaram sensores de coleiras inteligentes (monitorização do movimento) na produção animal. Apenas 19,85% das empresas utilizaram robots de alimentação na produção animal.

Conclui:

As tecnologias modernas tiveram um impacto grande e ainda crescente na atividade agrícola. Estas tecnologias na agricultura ajudaram a aumentar a eficiência dos agricultores e a sua produção de culturas. Ajudaram os agricultores a controlar a humidade das culturas e a composição do solo, o que os ajuda a produzir melhores colheitas com maior rendimento. A desflorestação tornou-se um grande problema e, com a utilização de tecnologias, tem o potencial de ajudar a reduzir a desflorestação, ajudando a obter alimentos que poderão ser cultivados em áreas urbanas. As tecnologias modernas também ajudam os agricultores a monitorizar a saúde do gado e das aves de capoeira, com a utilização de alimentadores automáticos que reduzirão a mão de obra nas explorações agrícolas e ajudarão a aumentar a produtividade global das explorações.

Referencias:

Babalad H B, Gunabhagya, Saraswathi e Navali, V G, 2021, Comparative economics of zero budget natural farming with conventional farming systems in Northern dry zone (Zone -3) of Karnataka. *Feiras económicas,* 66 (2): 1-7.

Colussi J, Morgan L E, Schnitkey G D e Padula A D, 2022, Como a comunicação afeta a adoção de tecnologias digitais na produção de soja: uma pesquisa no Brasil. *Revista de Agricultura,* 12 (3):28-37.

Kassahun A, Bloo R, Catal C e Mishra A, 2022, Dairy farm management information systems. *Revista de Agricultura,*

29 (1): 2-18.

Muralikrishnan L, Rambahal, Padaria N R e Rajeshnallaiah, 2020, Avaliar a eficácia da agricultura de precisão em relação a

Referencias:

Babalad H B, Gunabhagya, Saraswathi e Navali, V G, 2021, Comparative economics of zero budget natural farming with conventional farming systems in Northern dry zone (Zone-3) of Karnataka. Assuntos Económicos, 66 (2): 1-7.

Colussi J, Morgan L E, Schnitkey G D e Padula A D, 2022, Como a comunicação afeta a adoção de tecnologias digitais na produção de soja: uma pesquisa no Brasil. Revista de Agricultura, 12 (3):28-37.

Kassahun A, Bloo R, Catal C e Mishra A, 2022, Dairy farm management information systems. *Jornal da Agricultura,* 29 (1): 2-18.

Muralikrishnan L, Rambahal, Padaria N R e Rajeshnallaiah, 2020, Avalia a eficácia da agricultura de precisão em relação às tecnologias agrícolas convencionais.

Avanços em Ciências da Vida, 5 (19): 8769-8776.

Shruthi K, Hiremanth M G e Joshi T A, 2019, An overview of use of precision farming technologies by the farmers - a case study of North-Eastern Karnataka. *Indian Journal of Agricultural Reesearch,* 52 (1) 2019: 93-96.

Singh R K P, Singh K M e Kumar M, 2020, Um estudo sobre a adoção de tecnologias agrícolas modernas a nível das explorações agrícolas em Bihar. *Assuntos Económicos,* 60(1):49-56.

Vrchota J, Martin P e Svepesova I, 2022, Modern agriculture technologies for crop and livestock production in the Czech Republic. Jornal da Agricultura, 12 (3):2-18.

****

MIX
Papier aus verantwortungsvollen Quellen
Paper from responsible sources
FSC® C105338

Printed by Books on Demand GmbH, Norderstedt / Germany